Ursachen und Auswirkungen sozialer und ethnischer Segregation

Johannes Tenbrink

Bibliografische Information der Deutschen Nationalbibliothek:

Die Deutsche Nationalbibliothek verzeichnet diese Publikation in der Deutschen Nationalbibliografie; detaillierte bibliografische Daten sind im Internet über http://dnb.d-nb.de abrufbar.

ISBN: 9783346619495
Dieses Buch ist auch als E-Book erhältlich.

Westfälische Wilhelms-Universität Münster

Institut für Geographie

Übung: Bevölkerungs- und Sozialgeographie, Kurs B

Modul Humangeographie I

SoSe 2021

Ursachen und Auswirkungen sozialer und ethnischer Segregation

Bearbeitet von:

Johannes Tenbrink

Bachelor HRSGE Geographie/ Sozialwissenschaften

Inhalt

1. Abbildungsverzeichnis

Abbildungsnummer	Titel	Seite
Abb. 1	Die politischen, ökonomischen und sozialen Determinanten der Wohnortentscheidung	4
Abb. 2	Ein türkischer Supermarkt in Berlin-Wedding, ein migrantisch geprägtes Stadtgebiet Berlins	10

2. Einleitung

Im Zuge der Globalisierung und internationalen Fluchtbewegung sind die sozialen Disparitäten in Deutschland immer größer geworden. Die sozialen Disparitäten spiegeln sich in der räumlichen Anordnung in den deutschen Städten wider. Es ist in jeder deutschen Stadt zu beobachten, dass es einerseits Gegenden gibt, in denen eher reiche Haushalte angesiedelt sind, und andererseits gibt es Reviere, die hauptsächlich von der sozialen Unterschicht beziehungsweise von Migranten besiedelt sind. Diese Tatsache hat für die deutsche Politik und Stadtplanung eine große Relevanz, da diese Quartiere bestimmte Effekte auf die Bevölkerung haben. Aber wie genau entstehen solche Quartiere? Welche genauen Auswirkungen hat die räumliche Konzentration bestimmter sozialen Gruppen in bestimmten Teilräumen einer Stadt auf die Bewohner? Diese Fragen werden im Laufe dieser Arbeit beantwortet.

Dazu werde ich zuerst einige Begriffe erläutern, die sich rund um das Thema der Segregation bewegen. Zudem werde ich in dieser Arbeit zwischen sozialer und ethnischer Segregation unterscheiden. Auf die Erläuterung der Ursachen der sozialen Segregation folgt die die Darstellung der Auswirkungen der sozialen Segregation. Dabei werde ich den Fokus auf die Quartiere der Ausgrenzung beziehungsweise die Gebiete der unteren sozialen Schicht legen. Anschließend werde ich die Ursachen und Auswirkungen der ethnischen Segregation genauer erklären. Im Schlussteil werde ich die Ergebnisse zusammenfassen.

Meine These ist, dass die Ursachen von Segregation hauptsächlich mit ökonomischen Einschränkungen der unteren Schichten verbunden sind. Des Weiteren vermute ich, dass die Auswirkungen von Segregation in Quartieren der unteren Schicht fast ausschließlich negativ sind und sich in den unterschiedlichsten Dimensionen bewegen.

3. Begriffsklärungen

Eine Stadt ist immer auch ein Funktionsraum, in der es zu einer funktionalen Segregation kommt (Häussermann u. Siebel 2004, S. 139). Die funktionale Segregation meint die Konzentration von bestimmten Funktionen, wie beispielsweise wohnen oder arbeiten, an einem Ort (ebd.). In diesem Zusammenhang ist es die Aufgabe der Stadtplanungspolitik unter anderen einander störende Funktion räumlich zu trennen (ebd.).

Darüber hinaus ist eine Stadt ein Sozialraum (ebd.). Die soziale Segregation beschreibt die Konzentration von bestimmten sozialen Gruppen auf bestimmten Teilräumen einer Stadt (Häussermann u. Siebel 2004, S. 140). Dabei werden die sozialen Gruppen zum Beispiel nach Einkommen, Alter oder ethnischer Zugehörigkeit definiert (Häussermann u. Siebel 2004, S. 143). Dennoch bedeutet die räumliche Konzentration von sozialen Gruppen noch nicht, dass auch tatsächlich eine soziale Trennung zwischen den Gruppen vorliegen muss (Häussermann u. Siebel 2004, S. 145f.). In dem Kontext der sozialen Trennung geht es darum, welche Gründe es für die räumliche Anordnung der sozialen Gruppen gibt und ob Konflikte vorhanden sind (Häussermann u. Siebel 2004, S. 146). Durch Segregation entstehen sogenannte Quartiere. Ein Quartier ist ein Ort der Realisierung der alltäglichen Lebensvollzüge, vor allem des Wohnens (Steinführer 2002, S. 3). Die sozialräumliche Struktur einer Stadt ist immer auch eine Repräsentation ihrer Sozial- und Machtstruktur (Häussermann u. Siebel 2004, S. 140). Dies wird in einer weiteren Definition von sozialer Segregation deutlich, die soziale Segregation als eine Projektion der sozialen Unterschiede auf den Raum manifestiert (ebd.). Diese Definition impliziert, dass sich die vorhandenen sozialen Unterschiede auch in räumlicher Distanz widerspiegeln. Eine andere Definition von sozialer Segregation legt den Fokus mehr auf das Zusammenleben der Individuen. Demnach ist Segregation das Ergebnis raumgebundener sozialen Beziehungen unterschiedlicher Akteure und Akteurinnen (McKenzie 1974 zit. nach Dangschat 2014, S. 68). Zuletzt ergeben sich also zwei Voraussetzungen von sozialer Segregation. Erstens muss es in einer Stadt soziale Unterscheide geben, zum Beispiel unterschiedliche Haushaltseinkommen (Häussermann u. Siebel 2004, S. 143). Zweitens muss es Differenzen in den räumlichen Gegebenheiten der Stadt geben, wie beispielsweise unterschiedliche Wohnungsqualitäten (ebd.). Offensichtlich ist, dass diese beiden Voraussetzungen der sozialen Segregation in jeder Stadt gegeben sind.

Ein weiterer wichtiger Mechanismus der sozialen Differenzierung ist die Segregation nach ethnischen Merkmalen (Häussermann u. Siebel 2004, S. 173). Ethnizität bezeichnet die individuell empfundene Zugehörigkeit zu einer Volksgruppe, die sich durch eine gemeinsame Kultur beziehungsweise gemeinsame Merkmale (z.B. Sprache, Religion) kennzeichnet (Schubert u. Klein 2020, S. 158). Folglich ist innerhalb einer Ethnie ein bestimmtes Gemeinschaftsgefühl vorhanden und die Mitglieder identifizieren sich mit ihrer Ethnie (ebd.). Die ethnische Segregation erhält in den Zeiten der

Globalisierung und der internationalen Fluchtbewegungen eine immer bedeutsamere Rolle in der Segregationsforschung.

Die Segregation in einer Stadt kann mit der Hilfe von Indizes gemessen werden (Häussermann u. Siebel 2004, S. 140ff.). Der Segregationsindex gibt einen Wert an, der beschreibt, wie viel Prozent der sozialen Gruppe umziehen müsste, um eine Gleichverteilung innerhalb der Stadt zu erreichen (Duncan u. Duncan 1955 zit. nach Häussermann u. Siebel 2004, S. 140f.). Die Aussagekraft dieses Index ist in vielerlei Hinsicht beschränkt, da er unter anderen das tatsächliche Muster der Segregation in der Stadt nicht erfassen kann (Janßen 2004 zit. nach Häussermann u. Siebel 2004, S. 140f.). Der Dissimilaritätsindex berechnet im Gegensatz zum Segregationsindex nicht das Verhältnis einer sozialen Gruppe zu der restlichen Bevölkerung, sondern die Segregation zweier sozialer Gruppen (Janßen 2004 zit. nach Häussermann u. Siebel 2004, S. 141). Aber auch der Dissimilaritätsindex lässt sich schwierig interpretieren und hat eine geringe Aussagekraft (Janßen 2004 zit. nach Häussermann u. Siebel 2004, S. 142ff.).

Im Allgemeinen ist der Begriff der Segregation vom Begriff der Ausgrenzung zu unterscheiden. Ausgrenzung ist ein multidimensionales Problem, das sich beispielsweise in einer Marginalisierung am Arbeitsmarkt, der Schwächung von sozialen Bindungen oder der Verhinderung der gesellschaftlichen Teilhabe widerspiegelt (Häussermann et al. 2009, S. 21). Bei diesem Begriff wird die räumliche Ebene, im Gegensatz zum Begriff der Segregation, vernachlässigt.

4. Soziale Segregation

4.1 Ursachen sozialer Segregation

Die Phänomene, die die räumliche Konzentration von bestimmten sozialen Gruppen in bestimmten Teilgebieten einer Stadt bestimmen, haben vielfältige individuelle und strukturelle Ursachen (Häussermann u. Siebel 2004, S. 153ff.). Die Ursachen der sozialen Segregation können heute von Stadt zu Stadt variieren (Alisch 2018, S. 508). In der Vergangenheit wurde die vorhandene soziale Ungerechtigkeit als durch Gott determiniert angesehen (Häussermann u. Siebel 2004, S. 153). Die Individuen sahen die soziale Ungleichheit als ein Naturzustand an (ebd.). Heute haben sich die meisten Gesellschaften das Ziel gesetzt, dass alle Menschen die gleichen Lebenschancen haben und eine kulturelle und religiöse Gleichberechtigung angestrebt wird (ebd.). Das heißt, dass Segregation in der heutigen Zeit als ein gesellschaftliches Problem identifiziert wurde (ebd.). Die wachsende soziale Ungleichheit, zum Beispiel bezüglich des Einkommens und der Ethnien, ist ein Faktor, der die Segregation fördert (Alisch 2018, S. 504).

Einer der bedeutendsten strukturellen Ursachen für soziale Segregation sind die Prozesse auf dem Wohnungsmarkt (Häussermann u. Siebel 2004, S. 153ff.). Durch die Wohnungsmarktprozesse kommt es generell zu einer Zuweisung sozialer Gruppen zu bestimmten Wohnungsmarktsegmenten (Alisch 2018, S. 504). Dazu gehören auch administrative Zuweisungen durch den staatlich geförderten sozialen Wohnungsbau (ebd.). Handlungstheoretisch kann jedes Individuum einer Gesellschaft seinen Wohnort frei wählen (Häussermann u. Siebel 2004, S. 154). Es sei denn, sie sind auf den sozialen Wohnungsbau angewiesen, bei dem existenziell bedrohten Haushalten Wohnungen zugewiesen werden (ebd.). In der Realität findet diese freie Wahl des Wohnorts nicht statt. Die generellen Restriktionen, Gegebenheiten und Präferenzen der Haushalte auf dem Wohnungsmarkt müssen in diesem Kontext betrachtet werden (Abb. 1) (ebd.).

Abbildung 1: Die politischen, ökonomischen und sozialen Determinanten der Wohnortentscheidung. (Quelle: Häussermann u. Siebel 2004, S. 154)

Die Restriktionen engen die Auswahl der Wohnungen für das Individuum ein. Die Entscheidungsbedingungen in Bezug auf die Wohnortentscheidung für den Haushalt werden durch das Angebot und die Nachfrage des Wohnungsmarktes determiniert (Abb.1) (Häussermann u. Siebel 2004, S. 155ff.). Makroökonomische Faktoren (z.B. die Einkommensentwicklung), makrosoziale Faktoren (z.B. die demographische Entwicklung) und politische Faktoren (z.B. staatliche Förderung des Wohnungsbaus) bestimmen dabei im Allgemeinen das Angebot und die Nachfrage des

Wohnungsmarkts (Abb.1) (Häussermann u. Siebel 2004, S. 155). Zudem spielen die allgemeine Wohnungspolitik des Staates, kommunalpolitische Vorhaben und das Bestreben von privaten Investoren ebenfalls eine wichtige Rolle (Abb.1) (ebd.). Die politische Differenzierung von Räumen durch die unterschiedlichen Wohnqualitäten an verschiedenen Orten wirkt sich auf das individuelle Angebot am Wohnungsmarkt aus (ebd.). Die Kommunalpolitik kann über die Gestalt eines Wohngebietes entscheiden, welches neu gebaut werden soll (Abb. 1) (ebd.). Dadurch wird dem neuen Wohngebiet direkt ein bestimmter sozialer Charakter (z.B. luxuriöse Wohngegend) zugeschrieben und dies hat zur Folge, dass bestimmte soziale Gruppen direkt von der Nutzung exkludiert werden (Häussermann u. Siebel 2004, S. 156). Darüber hinaus gibt es Preisdifferenzen zwischen einzelnen Wohnungen an bestimmten Orten (Häussermann u. Siebel 2004, S. 157). Diese ökonomische Abstufung der Räume hat wiederum die Auswirkung, dass bestimmte soziale Gruppen einen bestimmten Teil des Angebots auf den Wohnungsmarkt nicht wahrnehmen können. Zum Beispiel haben manche Haushalte mit geringen Einkommen nicht die finanziellen Ressourcen, um sich eine teure Wohnung leisten zu können (Abb. 1). Des Weiteren bestimmt die Zusammensetzung der bereits angesiedelten Bewohnerschaft das Sozialprestige der Gegend (ebd.). Angehörige der Oberschicht wollen nicht in einer Gegend wohnen, in dem zum Großteil Angehörige der Unterschicht leben. Es entsteht in diesem Kontext also ein Interesse an dem Zusammenleben mit Haushalten der gleichen gesellschaftlichen Schicht (Alisch 2018, S. 504). So bestimmt diese soziale Unterscheidung von Räumen auch das Angebot auf dem Wohnungsmarkt, welches für bestimmte soziale Gruppen zugänglich ist (Häussermann u. Siebel 2004, S. 157). Letztendlich entscheiden auch die Vermieter, wer nun in die Wohnung einziehen darf und wer nicht (Abb. 1). Bei diesem Vorgang kommt es oft zur Diskriminierung beziehungsweise Bevorzugung von bestimmten sozialen Gruppen durch die Vermieter (Abb.1) (ebd.). Zusammenfassend bedingen alle beschriebenen Faktoren des Wohnungsmarktes, dass bestimmte soziale Gruppen von der Inanspruchnahme bestimmter Wohnungen ausgeschlossen werden und dadurch wird Segregation ermöglicht. Die individuellen Entscheidungsmöglichkeiten bei der Wohnungssuche werden dabei durch diese Faktoren begrenzt (Abb.1) (Häussermann u. Siebel 2004, S. 155).

Auf der Individualebene ist jeder Haushalt mit bestimmten Ressourcen ausgestattet, die die jeweilige Nachfrage des Haushalts auf dem Wohnungsmarkt bestimmen (Abb. 1). Die ökonomischen Ressourcen eines Haushalts bestimmen dabei das Ausmaß der Wahlfreiheit (Abb. 1) (Häussermann u. Siebel 2004, S. 157). Zu den kognitiven Ressourcen zählen unter anderen die Sprachfähigkeit und die Kenntnisse des Wohnungsmarktes beziehungsweise des Mietrechts (Abb.1) (ebd.). Zusammen mit den sozialen Ressourcen (z.B. soziale Netzwerke) eines Haushalts bestimmen die kognitiven Ressourcen den Zugang zu Informationen auf dem Wohnungsmarkt und beeinflussen somit die Nachfrage des Haushalts (Abb.

1) (Häussermann u. Siebel 2004, S. 157f.). Wenn ein Haushalt beispielsweise nur wenige Informationen über zu vermietende Wohnungen hat, ist dementsprechend die Nachfrage auf der Individualebene sehr gering (Abb. 1). Zudem bestimmen die politischen Ressourcen, wie zum Beispiel gegebenenfalls der Anspruch auf Wohngeld und preisgebundene Sozialwohnungen, die Nachfrage eines Haushalts (Häussermann u. Siebel 2004, S. 158). Diese Kapitalausstattung auf der Individualebene determiniert zusammen mit den Faktoren des individuellen Angebots auf den Wohnungsmarkt die räumliche Konzentration von bestimmten sozialen Gruppen in einer Stadt (ebd.).

Durch die Präferenzen eines Haushalts ergeben sich noch weitere Einschränkungen innerhalb der Wahlmöglichkeiten auf den Wohnungsmarkt (Abb. 1) (ebd.). Haushalte wollen ihre sozialen Netzwerke erhalten und suchen so ihre neue Wohnung in der räumlichen Nähe der alten Wohnung (Häussermann u. Siebel 2004, S. 158f.). Zudem wünschen sie sich ein Eigenheim und somit wollen viele Haushalte keine Wohnungen mieten (Häussermann u. Siebel 2004, S. 159). Des Weiteren besteht der Wunsch nach sozialer Homogenität (Bourdieu 1991, S. 32). Das heißt beispielsweise, dass die Eltern eines Kindes nicht wollen, dass die vermeintlich negativen Einflüsse von Kindern aus anderen Schichten und Kulturen auf ihr eigenes Kind wirken und so ziehen sie in Gegenden der gleichen Schicht (Häussermann u. Siebel 2004, S. 159). Diese selektive Mobilität hat wiederum zur Folge, dass in Quartieren der Ausgrenzung Arbeitslose und Migranten zuziehen und so die Segregation unterstützt wird. Die Präferenzen der Haushalte schränken auch die Wahrnehmungsmöglichkeiten auf dem Wohnungsmarkt ein und sind für soziale Segregation verantwortlich.

4.2 Auswirkungen sozialer Segregation

Die Auswirkungen der sozialen Segregation können für jedes Individuum unterschiedlich sein. Dabei kommt es vor allem auf die jeweiligen Ursachen der räumlichen Anordnung und auf die Sichtweise an (Boettner 2002 zit. nach Häussermann u. Siebel 2004, S. 164). Die Konsequenzen können sowohl positiv, als auch negativ gesehen werden (ebd.). Durch soziale Segregation entstehen Quartiere der Exklusion, auf die ich mich im Rahmen dieser Arbeit als eine Auswirkung sozialer Segregation fokussieren werde (Häussermann u. Siebel 2004, S. 160).

In diesen segregierten Quartieren stieg die Arbeitslosenquote, vor allem bei unqualifizierten Industriearbeitern, in den vergangenen Jahrzehnten aufgrund des ökonomischen Wandels und der Krisen auf dem Arbeitsmarkt an (ebd.). Die sinkende Kaufkraft der Bewohner des Quartiers und die Zunahme von Konflikten sind die logische Folge der steigenden Arbeitslosigkeit (ebd.). Dieser nach unten gerichtete Fahrstuhleffekt hat wiederum zur Folge, dass „überforderte Nachbarschaften" entstehen (Krings-Heckemeier u. Pfeiffer 1998 zit. nach Häussermann u. Siebel 2004, S. 160). Die Merkmale dieser „überforderten Nachbarschaft" sind soziale Verunsicherung, zunehmende Konflikte und die Angst vor dem sozialen Abstieg (Häussermann u. Siebel 2004, S. 160). Es kommt zum Wegzug von erwerbstätigen und sozial integrierten Haushalten aus diesen Quartieren und zum Zuzug von Arbeitslosen und Migranten, da die Wohnpreise in anderen Gebieten zu hoch für jene sind und sie Diskriminierung begegnen (ebd.). Dieser Prozess der selektiven Mobilität verschärft die sozialen Probleme in diesem Quartier und es entsteht ein Quartier der Ausgrenzung, welches durch die räumliche Konzentration benachteiligter Haushalte wiederum eine benachteiligende Wirkung auf die Bewohner hat (ebd.).

In diesem Zusammenhang wird auf die soziale Dimension der Benachteiligung, angelehnt an Pierre Bourdieus Kapitaltheorie, Bezug genommen. Durch die negativen Lernprozesse, die in einem Quartier der Exklusion stattfinden, eignen sich die Individuen immer weiter von den Normen der Gesellschaft abweichendere Verhaltensweisen an (Häussermann u. Siebel 2004, S. 165). Die Lebensweisen und Verhaltensmuster der Bewohner müssen in Quartieren der Exklusion notwendigerweise an die Armuts- und Einwanderungsbedingungen angepasst werden (Häussermann u. Siebel 2004, S. 164f.). Dabei werden auch bei einem Einzug in diese Gegend früher erworbene Verhaltensmuster vollständig verworfen (ebd.). Die Schule, die Nachbarschaft und die Peergroup bestimmen die Sozialisation von Jugendlichen in benachteiligten Milieus (Häussermann u. Siebel 2004, S. 166). Die Nachbarschaft und die Peergroup weisen also abweichende Verhaltensmuster aus, die durch einen Rückkopplungseffekt das abweichende Verhalten bei dem jeweiligen Individuum verstärken (ebd.). Diese durch die Sozialisation angeeigneten Verhaltensweisen gelten für die Mittel- und Oberschicht als abweichend und somit wird der Aufstieg dieser Jugendlichen in höhere Schichten und die gesellschaftlichen Teilhabechancen, zum Beispiel durch Schwierigkeiten beim Finden eines Ausbildungs- beziehungsweise Arbeitsplatz, erschwert (Häussermann u. Siebel 2004, S. 165). Das hat ebenfalls zur Folge, dass vor allem Familien mit Kindern, die sich an den Normen der Mittelschicht orientieren, aus diesen Quartieren wegziehen (Häussermann u. Siebel 2004, S. 166). Somit können sich die Jugendlichen an immer wenigeren anderen Verhaltensweisen orientieren und es fehlt der Kontakt zu positiven Rollenvorbildern (ebd.). Dieser Aspekt verstärkt den Effekt, dass die Bewohner der segregierten Quartiere nur schwierig in höhere Schichten aufsteigen können (ebd.). Diese beschriebenen Sozialisationseffekte finden nur so statt, wenn der alltägliche Lebensvollzug des Individuums wirklich nur in dem benachteiligten Quartier stattfindet (Häussermann u. Siebel 2004, S. 167). Durch die durch das soziale Umfeld bedingte Selbstzweifel und Resignation ziehen sich die Individuen in ihre unmittelbare Umgebung zurück (ebd.). Der alltägliche Lebensvollzug findet also nur in dem Quartier der Ausgrenzung statt. Dadurch haben sie nur kleine, sozial-homogene und unzuverlässige Netzwerke, obwohl größere, sozial-heterogene Netzwerke deutlich effektiver sind (Granovetter 1973 zit. nach Häussermann u. Siebel 2004, S. 167). Allerdings wird in dieser Hypothese die Sozialisation durch Medien, vor allem die zunehmende Bedeutung sozialer Medien auf die Sozialisation, vernachlässigt (Kronauer 2007, S. 74).

Ein weiterer Aspekt der sozialen Dimension ist, dass für ein Leben in armen Verhältnissen eine hohe Disziplin bei der Einteilung des vorhandenen Geldes, beim Konsumverhalten und bei der zeitlichen Planung erforderlich ist (Bourdieu et al. 1997 zit. nach Häussermann u. Siebel 2004, S. 167f.). Die Bewohner von Quartieren der Exklusion müssen sich Gewohnheiten der Notwendigkeit und eine vorausschauende Planung bei gleichzeitiger Einhaltung der Normen aneignen (ebd.). Das ist auch wohl der Grund dafür, dass viele finanziell schwache Individuen in die Kriminalität abdriften und die gesellschaftlichen Normen missachten. Zudem schwindet durch den bereits beschriebenen Wegzug von qualifizierten und gebildeten Angehörigen der Mittelschicht die politische Repräsentanz des Quartiers der Ausgrenzung (Häussermann u. Siebel 2004, S. 168). Die eher ungebildete Unterschicht besitzt keine politische Kompetenz und somit können sie die Probleme des Gebiets nicht analysieren und auch keine Forderungen and die Politik stellen (ebd.). Dazu kommt ein hoher Anteil von Nicht-Wahlberechtigten (v.a. Migranten) und Nichtwähler (ebd.).

Auf der materiellen Dimension der Benachteiligung marginalisierter Quartiere sind die schlechte Infrastruktur, eine mangelhafte Ausstattung an Dienstleistungen, die rückständige Umweltqualität, die schlechte Verkehrsanbindung und die unzureichenden Erwerbsmöglichkeiten anzuführen (Häussermann u. Siebel 2004, S. 165). Diese Merkmale von Quartieren der Ausgrenzung haben eine eingeschränkte Lebensweise, eine beeinträchtigte Gesundheit und beschränkte Handlungsmöglichkeiten für die Bewohner zur Folge (ebd.). Durch die unzureichende Umweltqualität kann die Lebenserwartung der Bewohner beeinträchtigt werden (ebd.). Durch die negative soziale Auslese der Bewohnerschaft können die Institutionen im Quartier keine Erfolge verzeichnen beziehungsweise es entstehen erst gar keine neuen Institutionen (Häussermann u. Siebel 2004, S. 168f.). Es kommt so zu quantitativen Angebotseinschränkungen, zum Beispiel im Bereich der Infrastruktur (Häussermann u. Siebel 2004, S. 169). Die hohe und steigende Arbeitslosigkeit im Quartier bedingt die sinkende Kaufkraft der Bewohner, wodurch wiederum sowohl die Quantität, als auch die Qualität des Angebotes auf verschiedenen Märkten schwindet (ebd.). Dadurch kommt es zu Geschäftsschließungen und das bedingt, dass die äußere Darstellung durch einen Niedergang des Quartiers gekennzeichnet ist (ebd.). Darunter leidet auch das Selbstwertgefühl der Angehörigen des Quartiers (ebd.). Die bauliche Struktur der Gegend wirkt sich auch auf die sozialen Beziehungen innerhalb des Gebiets aus, wenn zum Beispiel die bauliche Struktur zwangsläufige Kontakte zwischen den Bewohnern bedingt (ebd.). So werden soziale Konflikte durch die einander unverträglichen Lebensweisen provoziert und es kann ein aggressives Klima entstehen (ebd.). Des Weiteren sind solche Quartiere der Ausgrenzung oft baulich vom Rest der Stadt abgegrenzt, zum Beispiel durch Autobahnen (ebd.). Darunter leidet auch die Nachfrage in dem Quartier, was wiederum Geschäftsschließungen und die damit verbundenen Auswirkungen bedingt.

Die letzte an Bourdieus Kapitaltheorie angelehnte Dimension der Benachteiligung von Quartieren der Exklusion ist die symbolische Dimension. Ein Stigmatisierungsprozess wird durch den materiellen und sozialen Niedergang des Quartiers, in Form vom baulichen Erscheinungsbild und der diskriminierten Bewohnerschaft, in Kraft gesetzt (ebd.). Im alltäglichen Sprachgebrauch wird das Quartier der Exklusion dann als „Slum" oder „sozialer Brennpunkt" bezeichnet und dieses Image wird das Quartier für lange Zeit behalten (Häussermann u. Siebel 2004, S. 170). Dieser Stigmatisierungsprozess hat wieder vielfältige Effekte auf die Bewohnerschaft des stigmatisierten Quartiers. Es kommt zur Senkung des Selbstwertgefühls und eventuell haben die Bewohner geringere soziale Teilhabechancen, beispielsweise durch die negativ konnotierte Adresse bei der Suche nach einem Arbeits- oder Ausbildungsplatz (ebd.). Zudem haben die Angehörigen des Quartiers das Gefühl, dass sie dieser Abwärtsentwicklung hilflos ausgesetzt sind (ebd.). Es kann zu einem Verfall der gemeinschaftsorientieren Verantwortung kommen, der sich unter anderen in der Ignoranz gegenüber der Vermüllung der Umwelt ausprägt (ebd.). Weitere Formen der symbolischen Demütigung, die sich negativ auf das Selbstwertgefühl und die Lebensqualität der Bewohner auswirkt, sind die Desinvestitionen, die Vernachlässigung der Bausubstanz und die Zuweisung von unerwünschten Funktionen (z.B. Mülldeponie in der Nähe des Quartiers) durch die Politik (ebd.).

Die positiven Auswirkungen sozialer Segregation auf die Individuen von Quartieren der Ausgrenzung sind überschaubar. Der einzige Punkt, der hier anzuführen ist, ist, dass es eventuell auch zu einer gegenseitigen Bereitstellung von Ressourcen zur Bewältigung von sozialen Problemen oder Bedrohungen der Ausgrenzung (Alisch 2018, S. 511). Die Auswirkungen der sozialen Segregation finden also in mehreren Dimensionen statt und verstärken beziehungsweise bedingen sich gegenseitig. Insgesamt wird die soziale Chancenungleichheit also durch die Entstehung von Quartieren der Ausgrenzung und den damit verbundenen Kontexteffekten und Auswirkungen befestigt. Ob die Segregation letztendlich positiv oder negativ zu sehen ist, hängt damit zusammen, ob es sich um eine freiwillige beziehungsweise unfreiwillige Segregation (Häussermann u. Siebel 1991 zit. nach Alisch 2018, S. 509). Dabei spielen Standortpräferenzen und Entscheidungsmöglichkeiten der jeweiligen Haushalte eine Rolle (ebd.). Zum Beispiel gehen Angehörige der Oberschicht bewusst in sogenannte Gated Communities. Dennoch ist diese Unterscheidung problematisch, da die Freiwilligkeit des Wegzuges (freiwillige Segregation) der Einen der Zwang zur räumlichen Konzentration der Anderen ist, weil Personen aus niedrigen sozialen Schichten in die frei gewordenen Standorte nachrücken (Dangschat u. Alisch 2012, S.35).

5. Ethnische Segregation

5.1 Ursachen ethnischer Segregation

Die ethnische Segregation beschreibt die Konzentration von bestimmten Ethnien auf bestimmten Teilräumen einer Stadt. Im Allgemeinen sind die Ursachen der ethnischen Segregation identisch zu denen der sozialen Segregation. Dennoch spielen für Migranten noch einige weitergehende Aspekte eine wichtige Rolle, die zur Entstehung von ethnischer Segregation beitragen. Migranten siedeln sich primär in Großstädten an und dort konzentrieren sie sich räumlich auf wenige Stadtteile (Keßler u. Ross 1991 zit. nach Häussermann u. Siebel 2004, S. 176).

Eine der Ursachen ist, dass für Neuankömmlinge bereits migrantisch geprägte Stadtquartiere als „Eingangstor" in die Aufnahmegesellschaft fungieren (Farwick 2018, o.S.). In solchen Gebieten liegt eine binnenintegrative Wirkung der lokal verankerten solidarischen Gemeinschaften innerhalb des Stadtquartiers vor (ebd.). Die Migranten siedeln sich in hoch verdichtete Agglomerationsräume mit kleinen und teuren Wohnungen und mit einem hohem Migrantenanteil an, da sie ein Umfeld mit Arbeitsplätzen, Verwandten und Unterstützungsleistungen haben wollen (Portes u. Rumbaut 2001 zit. nach Farwick 2018, o.S.). So wird die erste Phase des Integrationsprozesses bewältigt. In diesen migrantisch geprägten Stadtquartieren besteht oft schon eine Infrastruktur, die auf die unterschiedlichen Ethnien angepasst ist (Abb. 2) (Häussermann u. Siebel 2004, S. 176 ff.). Dies prägt sich beispielsweise in Supermärkten und Restaurants aus, die typische Waren aus den Herkunftsländern der Migranten anbieten (Abb. 2).

[Die Abbildung 2 wurde aus urheberrechtlichen Gründen von der Redaktion entfernt.]

Abbildung 2: Ein türkischer Supermarkt in Berlin-Wedding, ein migrantisch geprägtes Stadtgebiet Berlins. (Quelle: Otto 2016. Online unter: https://www.youtube.com/watch?v=i3w8ncSViTc)

Der Wohnungsmarkt ist, wie bereits erwähnt, eine der größten strukturellen Ursachen von Segregation (Häussermann u. Siebel 2004, S. 173ff.). Für Migranten gibt es über die bereits beschriebenen Ursachen hinaus noch weitere spezifische Faktoren auf dem Wohnungsmarkt, die die ethnische Segregation bedingen. Zuerst muss die Diskriminierung in der Vermieterpraxis auf dem Wohnungsmarkt, die bei Migranten meistens in Relation zu deutschen Staatsbürgern ein höheres Ausmaß annimmt, betrachtet werden (Han 2000, S. 230). Migranten werden auf dem Wohnungsmarkt mit unregelmäßigen und ausbleibenden Mietzahlungen, störenden Verhaltensweisen und schlechter Behandlung der Wohnung konnotiert (Farwick 2001, S. 62).

Des Weiteren gilt die Sozialstruktur eines Quartiers als ökonomisches Gut (Häussermann u. Siebel 2004, S. 178). Der Einzug eines ausländischen Haushaltes könnte die Attraktivität einer Nachbarschaft, vor allen für finanziell stärkere deutsche Haushalte vermindern (ebd.). Es könnte zu einem langfristigen

Preisverfall der Immobilie kommen und deshalb werden ausländische Haushalte oft von Vermietern abgelehnt (Mehrländer et al. 1996, S. 262 ff.).

Auch die informellen Formen der Wohnungssuche der Migranten ergeben weitere Restriktionen auf dem Wohnungsmarkt (Häussermann u. Siebel 2004, S. 178). Aufgrund der hohen Kosten von Maklern oder Ähnliches wird die Leistung dieser nicht in Anspruch genommen (ebd.). Stattdessen nutzen Migranten ihr hauptsächlich aus Ausländern bestehendes soziales Umfeld zur Wohnungssuche (ebd.). Darum finden sie meistens nur Wohnungen, die sich bereits in Gebieten mit hohem Migrantenanteil befinden (ebd.). Durch diese beiden Faktoren ergeben sich also Einschränkungen des Wohnungsangebotes. Weitere Beschränkungen ergeben sich durch die Unwissenheit über den eventuellen Anspruch auf staatlich geförderte Sozialwohnungen und finanzielle Unterstützung durch den Staat (Blanc 1991, S. 447). Ausländische Haushalte haben oft ein geringes Haushaltseinkommen und sind deswegen unfähig hohe Mieten zu zahlen (Häussermann u. Siebel 2004, S. 177).

Im Allgemeinen können die Präferenzen der Ausländer, zum Beispiel das Verlangen nach dem Zusammenleben mit der gleichen Ethnie, je nach Lebensphase, Aufenthaltsdauer und Assimilationsgrad variieren (Häussermann u. Siebel 2004, S. 174). Um die individuellen Ursachen der ethnischen Segregation zu erfahren, muss jedes einzelne Individuum betrachtet werden. Diese für die ethnische Segregation spezifischen Ursachen sind durchaus relevant, dennoch spielen die bei den Ursachen der sozialen Segregation beschriebenen Aspekte eine ebenso bedeutsame Rolle für die Entstehung von ethnischer Segregation (Farwick 2018, o.S.). In Deutschland ist durch die soziale, ökonomische, kulturelle und politische Integration von Migranten in den vergangenen Jahrzehnten eine Entwicklung zu erkennen, die durch eine gleichmäßigere Verteilung der Wohnstandorte ausländischer Haushalte in den jeweiligen Städten charakterisiert ist (Friedrichs 1998, S. 1747).

5.2 Auswirkungen ethnischer Segregation

Auch bei den Auswirkungen der ethnischen Segregation gilt, dass diese identisch sind zu denen der sozialen Segregation. Dennoch müssen bei den Auswirkungen der ethnischen Segregation einige Aspekte noch intensiver betrachtet werden. Die ethnische Segregation kann je nach Blickwinkel als positiv oder negativ beurteilt werden (Häussermann 2012, S. 384).

Zuerst ist dennoch die positive Wirkung der Nachbarschaftseffekte von ethnisch segregierten Quartieren auf die neuen Migranten zu betrachten. In diesen ethnischen Quartieren werden von den übrigen Bewohnern Ressourcen bereitgestellt, die die anfängliche Integration im Aufnahmeland erleichtern (Farwick 2012, S. 389). Dies kann zum Beispiel in Form von Hilfeleistungen bei der Arbeitssuche oder die Vergabe von Krediten ausgeprägt sein (Portes u. Sensenbrenner 1993 zit. nach Häussermann u. Siebel 2004, S. 181).

Zudem erhalten die neuen Migranten durch die lokal verankerte Gemeinschaft eine positive Wirkung auf die soziale und psychologische Stabilisierung der Persönlichkeit (Farwick 2018, o.S.). Dieser Punkt ist besonders hervorzuheben, da die neu angesiedelten Migranten meist einen durch verschiedene Unsicherheiten und Risiken geprägten Migrationsprozess durchlaufen haben (ebd.). Diese „Binnenintegration" gilt als Voraussetzung für eine erfolgreiche Integration in die gesamte Aufnahmegesellschaft (Elwert 1982 zit. nach Farwick 2018, o.S.).

Dennoch ergeben sich, wie bereits bei den Auswirkungen der sozialen Segregation erläutert, durch die Benachteiligung dieser Quartiere der Ausgrenzung weitere Benachteiligungen für die Migranten (Kronauer 2007, S. 136). Das Wohnen in den migrantisch geprägten Quartieren kann zu einer Verfestigung der Orientierungen der Kultur des Herkunftslandes führen (Esser 1980, S. 93). Durch die in den ethnisch segregierten Quartieren aufgebauten Institutionen, Netzwerke und Infrastrukturen wird die Integration und vor allem die Übernahme von aufnahmelandspezifischen Fähigkeiten (z.B. Sprache) beeinträchtigt, da sich die Migranten in ihren Kolonien isolieren könnten (Farwick 2018, o.S.). Eine nicht stattfindende Integration führt wiederum zu geringen gesellschaftlichen Teilhabechancen (ebd.). Es entsteht eine „Parallelgesellschaft" (Esser 1986, S. 106ff.).

Des Weiteren leben in den ethnischen Kolonien oft durch Armut geprägte deutsche Staatsbürger, die eine negative Einstellung gegenüber Migranten vorweisen beziehungsweise entwickeln. Sie sehen die Migranten beispielsweise als Bedrohung (z.B. Wegnehmen von Arbeitsplätzen) an (Farwick 2009, S. 160ff.). Daraus ergibt sich ein hohes soziales Konfliktpotenzial und schwierige Bedingungen für die Migranten, um in ihrer Gegend mit der deutschen Bevölkerung den Kontakt aufzunehmen (ebd.).

Insgesamt ist also eine ambivalente Wirkung von ethnisch segregierten Quartieren zu erkennen (Kronauer 2007, S. 136). Einerseits die „Binnenintegration" durch die bereits angesiedelten Migranten, andererseits die Abschottung der Migranten von der Aufnahmegesellschaft. Auch hier sollte jedes Quartier für sich untersucht werden, um die genauen Auswirkungen auf die Bewohner zu bestimmen.

6. Schluss

Sowohl die Ursachen, als auch die Auswirkungen der sozialen und ethnischen Segregation variieren je nach Individuum beziehungsweise Haushalt und Stadt beziehungsweise Stadtteil. Die bedeutendste Ursache der sozialen Segregation sind die Prozesse auf dem Wohnungsmarkt (Häussermann u. Siebel 2004, S. 153ff.). Das generelle Angebot des Wohnungsmarkts wird unter anderen durch makroökonomische, makrosoziale, politische und kommunalpolitische Faktoren bestimmt (Häussermann u. Siebel 2004, S. 155). Das für das jeweilige Individuum wahrnehmbare Angebot wird durch ökonomische Restriktionen, die symbolische Differenzierung der Räume durch die Politik, das Sozialprestige der Gegend und die Vermieterpraxis determiniert (Häussermann u. Siebel 2004, S.

156ff.). Der Zugang zu Informationen des Wohnungsmarkts, der eventuell durch nicht ausgeprägte kognitive Ressourcen des Individuums beschränkt ist, die Präferenzen des Haushalts (z.B. der Wunsch nach sozialer Homogenität) sind Determinanten der individuellen Nachfrage des Haushalts auf den Wohnungsmarkt (Häussermann u. Siebel 2004, S. 157ff.). Die mit dem Wunsch nach sozialer Homogenität verbundene selektive Mobilität ist eine weitere Ursache sozialer Segregation (Häussermann u. Siebel 2004, S. 159).

In Quartieren der Ausgrenzung gibt es durch die steigende Arbeitslosigkeit einen nach unten gerichteten Fahrstuhleffekt, der die soziale Verunsicherung, die Zunahme von Konflikten und die Angst vor sozialen Abstieg bedingt (Häussermann u. Siebel 2004, S. 160f.). Ein weiterer Effekt von Quartieren der Exklusion sind die negativen Lernprozesse, die zur Folge haben, dass sich die Individuen immer abweichendere Verhaltensmuster aneignen und sich somit deren gesellschaftlichen Teilhabechancen verringern (Häussermann u. Siebel 2004, S. 164ff.). Die geringe politische Repräsentanz ist zudem eine negative Auswirkung sozialer Segregation in Quartieren der unteren Schicht, die durch die selektive Mobilität, wie alle anderen Auswirkungen der sozialen Segregation, verstärkt wird (Häussermann u. Siebel 2004, S. 168). Auf der materiellen Dimension der Effekte sozialer Segregation sind die schlechte Infrastruktur und die unzureichenden Arbeitsplätze zu nennen, die eine beeinträchtigende Lebensführung der Individuen zur Folge haben (Häussermann u. Siebel 2004, S. 165). Die steigende Arbeitslosigkeit in den Quartieren wirkt sich auch auf den baulichen Niedergang des Reviers auf und somit wird das Selbstwertgefühl der Bewohner negativ beeinflusst (Häussermann u. Siebel 2004, S. 170). Durch den baulichen und sozialen Niedergang der Gegend findet ein Stigmatisierungsprozess statt, der durch die „schlechte Adresse" der Bewohner wiederum negative Effekte auf die gesellschaftliche Teilhabe hat (Häussermann u. Siebel 2004, S. 169). Die einzig positive Auswirkung von Quartieren der Ausgrenzung ist die eventuelle gegenseitige Bereitstellung von Ressourcen und Hilfeleistung innerhalb der Bewohnerschaft (Farwick 2012, S. 389).

Die Ursachen und Effekte der ethnischen Segregation sind im Grundsatz identisch zu denen der sozialen Segregation. Eine weitergehende Ursache der ethnischen Segregation ist, dass die ethnischen Kolonien für neue Migranten als „Eingangstor" in das neue Land dienen und darum siedeln sich neue Migranten in diesen ethnischen Quartieren an (Farwick 2018, o.S.). Die Diskriminierung auf dem Wohnungsmarkt nimmt bei Migranten einen höheren Grad an. Der Grund dafür ist, dass ausländische Haushalte das Sozialprestige einer Gegend negativ beeinflussen und so die Immobile ökonomisch verfallen würde (Mehrländer et al. 1996, S. 262 ff.).

Vor allem für neue Migranten können in ethnischen Quartieren durch die Nachbarschaftseffekte positive Wirkungen entstehen (Farwick 2012, S. 389). Es findet eine „Binnenintegration" statt, welche einige positive Effekte auf die generelle Integration in die Aufnahmegesellschaft haben kann (Elwert 1982 zit. nach Farwick 2018, o.S.). Des Weiteren werden die Migranten durch die Ansiedlung in migrantisch geprägten Quartieren nach dem intensiven Migrationsprozess sozial und psychologisch stabilisiert (Farwick 2018, o.S.). Nichtsdestotrotz kann eine „Parallelgesellschaft" entstehen, da sich die Migranten durch die Verfestigung der Kultur des Herkunftslandes in ihrem Quartier isolieren könnten (Esser 1980, S. 93). Das wäre nicht förderlich für eine gesamtgesellschaftliche Integration.

In Bezug auf meine These hat sich ergeben, dass der Segregation nicht nur ökonomischen Ursachen zugrunde liegen. Es spielen auch soziale Aspekte, wie die Präferenzen der Haushalte oder die Diskriminierung in der Vermieterpraxis, eine bedeutsame Rolle. Die Auswirkungen von Segregation sind in Quartieren der Ausgrenzung tatsächlich fast nur negativ. In ethnischen Kolonien sind noch einige positive Auswirkungen zu beobachten. Zu beachten ist, dass im Rahmen dieser Arbeit nur Quartiere der unteren Schicht beziehungsweise ethnische Kolonien betrachtet wurden. In Quartieren der oberen Schicht gibt es wahrscheinlich mehrere positiven sozialen Effekte der Segregation.

7. Literaturverzeichnis

-Alisch, M. (2018): Sozialräumliche Segregation: Ursachen und Folgen. In: Huster, E., Boeckh, J. u. H. Mogge-Grotjahn (Hrsg.): Handbuch Armut und soziale Ausgrenzung. 3. Auflage. Wiesbaden, S. 503-522.

-Blanc, M. (1991): Von heruntergekommenen Altbauquartieren zu abgewerteten Sozialwohnungen. Ethnische Minderheiten in Frankreich, Deutschland und dem Vereinigten Königreich. In: Informationen zur Raumentwicklung 7/8, S. 447-457.

-Bourdieu, P. (1991): Physischer, sozialer und angeeigneter physischer Raum. In: Wentz, M. (Hrsg.): Stadt-Räume. Die Zukunft des Städtischen. Frankfurt/ New York, S. 26- 44.

-Dangschat, J. (2014): Residentielle Segregation. In: Forschungsberichte der ARL 3, S. 63-77.

-Dangschat, J. u. M. Alisch (2012): Perspektiven der soziologischen Segregationsforschung. In: May, M. u. M. Alisch (Hrsg.): Formen sozialräumlicher Segregationen. Opladen/ Berlin/ Toronto, S. 23-50.

-Esser, H. (1980): Aspekte der Wanderungssoziologie: Assimilation und Integration von Wanderern, ethnischen Gruppen und Minderheiten. Darmstadt/Neuwied.

-Esser, H. (1986): Ethnische Kolonien; „Binnenintegration" oder gesellschaftliche Isolation? In: Hoffmeyer-Zlotnik, J. (Hrsg.): Segregation und Integration. Die Situation von Arbeitsmigranten im Aufnahmeland. Mannheim, S. 106-117.

-Farwick, A. (2012): Segregation. In: Eckardt, F. (Hrsg.): Handbuch Stadtsoziologie. Wiesbaden, S. 381-420.

Farwick, A. (2009): Segregation und Eingliederung: zum Einfluss der räumlichen Konzentration von Zuwanderern auf den Eingliederungsprozess. Wiesbaden.

-Farwick, A. (2001): Segregierte Armut in der Stadt. Ursachen und soziale Folgen der räumlichen Konzentration von Sozialhilfeempfängern. Opladen.

-Farwick, A. (2018): Segregation und Integration – ein Gegensatz? https://www.bpb.de/politik/innenpolitik/stadt-und-gesellschaft/216880/segregation-und-integration (abgerufen am 13.08.2021)

-Friedrichs, J. (1998): Ethnic Segregation in Cologne, Germany, 1984-94. In: Urban Studies 35, S. 1745-1765.

-Han, P. (2000): Soziologie der Migration. Stuttgart.

-Häussermann, H. (2012): Wohnen und Quartier. Ursachen sozialräumlicher Segregation. In: Huster, E., Boeckh, J. u. H. Mogge-Grotjahn (Hrsg.): Handbuch Armut und soziale Ausgrenzung. 3. Auflage. Wiesbaden, S. 383-396.

-Häussermann, H., Kronauer, M. u. W. Siebel (2009): An den Rändern der Städte. 3. Auflage. Frankfurt am Main.

-Häussermann, H. u. W. Siebel (2004): Stadtsoziologie. Eine Einführung. Frankfurt/ New York.

-Kronauer, M. (2007): Quartiere der Armen: Hilfe gegen soziale Ausgrenzung oder zusätzliche Benachteiligung? In: Dangschat, J. u. A. Hamedinger (Hrsg.): Lebensstile, soziale Lagen und Siedlungsstrukturen. Braunschweig, S. 71-90.

-Mehrländer, U., Ascheberg, C. u. J. Ueltzhöffer (1996): Repräsentativuntersuchung 95. In: Bundesministerium für Arbeit und Sozialordnung (Hrsg.): Situation der ausländischen Arbeitnehmer und ihrer Familienangehörigen in der Bundesrepublik Deutschland. Berlin/ Bonn/ Mannheim.

-Schubert, K. u. M. Klein (2020): Das Politiklexikon. 7. Auflage. Bonn.

-Steinführer. A. (2002): Selbstbilder von Wohngebieten und ihre Projektion in die Zukunft. In: Deilmann, C. (Hrsg.): Zukunft – Wohngebiet. Entwicklungslinien für städtische Teilräume. Berlin, S. 3-20.